Tratamento de Água Solar FV:

Como Energizar água Esterilização Sistema Solar FV com água Potável In Situ

Christopher Kinkaid

Translation:
pelo Dr. Lisandro C. Hernandez Vazquez

Published by Solardyne, LLC
Portland, Oregon

ISBN-13: 978-1500540272
ISBN-10: 1500540277

Índice

Prefácio

Esterilização de água é um trabalho árduo. Esterilizadores água energizada PV energia solar são uma forma eficaz para esterilizar a água de fontes locais polutas mesmo de água salobra, custos de seguro, confiável e de combustível. A água encontrada na natureza está cheia de agentes patogênicos que podem causar infecções e doenças. Esterilizadores ultravioleta (UV) matar 99,99% de todos os patógenos nocivos e fornecer água potável para beber. A necessidade de tratamento de água vem geralmente em locais distantes em uma grade.

Esses sites e locais remotos, e como, por vezes, desastres naturais ou provocados pelo homem, muitas vezes precisam de um local de tratamento de água, mas falta-lhes o equipamento eo fornecimento de energia para energizar o equipamento de esterilização de água nesses locais. Esterilizadores de água alimentados por energia solar fotovoltaica oferecer a solução completa para o tratamento e esterilização da água em locais remotos.

Este livro centra-se no tratamento de água UV para 4 litros por minuto (15,14 litros por minuto) que são 43 mil litros por dia (167,772.2 litros por dia) - todos com Energia Solar. Incluem-se exemplos específicos de Solar Power Supply com listagem de peças para energizar os sistemas de tratamento de água de energia solar fotovoltaica em seus locais remotos não conectados a uma rede de energia.

Nota: Os sistemas solares UV listados são para poços rasos ou fontes de água salobra e / ou poluta. Para Sal fontes de água, em seguida, equipamento de dessalinização necessária antes de tratamento de água fase UV.

Sobre o Livro

Este livro foi escrito como um guia passo a passo para definir as "estatísticas vitais" de seu tratamento de água solar do projeto e selecionando o equipamento certo de que pode fazer um bom trabalho. Se você tem um projeto específico em mente Esterilização Solar PV Água, em seguida, visite a lista de exemplos de sistemas de energia solar fotovoltaicos localizados no Guia Rápido Capítulo Oito.

Nota: listagens UV PV sistemas solares são para poços ou fontes de água de superfície são salobra ou polutas. Para Agua Salada, primeiro você deve executar um processo de dessalinização com o equipamento necessário, antes da idade de tratamento de água UV.

O **Guia Rápido** contém hiperlinks que levam você a um sistema de esterilização UV com total diário de Produção de Água e fornecimento de energia solar fotovoltaica necessário para a operação. Sistemas de água de UV são definidos pela taxa de fluxo, e de galões por dia (GPD) entregue. Exemplos de fornecimento de energia solar fotovoltaica são definidos pelo GPD de água fornecida. Se você está tirando água de uma fonte de agua salada, então você precisa ver um sistema de osmose reversa (SOI), antes de esterilizador UV, no Capítulo 8 Capítulos 4 -. 7 Lidar com fontes de água "Fresh", como lagoas, córregos, lagos e córregos (ou salobras ou polutas) e Capítulo 8 concentra-se em fontes de água Salada.

Sistemas de tratamento de água de UV listados nos exemplos baseiam-se em diferentes taxas de fluxo.

Quatro sistemas são UV esterilização da água, incluindo 4, 8, 12 e 30 litros por minuto. Cada um desses sistemas diversos tundra Sistemas de Energia Solar de energia definidos por cada sistema UV terá que trabalhar 4, 8, 12 e 24 horas por dia, respectivamente. Selecione o seu sistema de tratamento UV alimentado com energia solar fotovoltaica com base em sua vazão desejada ea quantidade de litros por dia esterilizar você precisa para melhor combinar estes dois elementos em seu projeto.

Os exemplos a abranger uma gama de 240 GPD (908,5 LPM) a 43, 200 litros por dia (163,529.3 litros por dia) - tudo sem quimicales ou custos de combustível.

No **Capítulo 2** descreve o processo passo a passo para definir o sistema de tratamento de água UV para o seu próprio sistema, ou para falar com um fornecedor externo. Utilize este processo para determinar as "estatísticas vitais" de seu sistema e do dimensionamento de seu sistema UV e seu sistema de PV solar para fornecimento de energia fácil.

O **Capítulo 3** discute o fornecimento de energia solar, e como eles são configurados os exemplos listados neste livro.

Os **capítulos 4** - 7 descrevem UV Sistemas de Tratamento de Água ea fonte de alimentação de energia solar fotovoltaica que corresponde a entregar uma certa quantidade de água potável, lista, e painéis solares fotovoltaicos e componentes elétricos que você deve usar para operar o seu esterilizador UV com maior produtividade.

No **Capítulo 8** sistemas UV para tratamento de água fontes de água salgada com fornecimento de energia solar são discutidos.

Os sistemas solares fotovoltaicos são definidos pelo poder e energia total pode fornecer para o carregamento. Em todos os casos, os painéis solares fotovoltaicos cobrará um banco de baterias para fornecer energia e energia para esterilizadores UV, a qualquer hora do dia ou da noite.

Este-book "UV Tratamento de Água Energia Solar" foi escrito para ser um recurso para o planejamento e implementação de um sistema de esterilização UV com água-Powered Electricidade Solar PV para fornecer água potável, limpa e segura em locais remotos.

Ideal para cabines e casas remotas e instalações de alojamento, residencial, comercial, não está ligado a uma rede elétrica e de Apoio de Desastres, ou em qualquer local onde não há nenhuma ou limitada elétrica local ea necessidade de água limpa é aguda. Os painéis solares são uma excelente opção de fornecimento de energia que seja mais fácil para os sistemas de tratamento de água operar onde a eletricidade convencional não está presente, ou para dar apoio quando uma fonte de energia local, porque o novo desastre caído.

Sobre o Autor

Christopher Kinkaid

Christopher (Toby) Kinkaid, original de Portland, Oregon, é o fundador da **Solardyne.com**, **SolarQuote.com** e **AlgaeToday.com**, e tem trabalhado em tecnologias de energia limpa por mais de três décadas. Kinkaid é o inventor do módulo fotovoltaico concentrador solar Vertical Axis Wind Generator "Helyx" "Borboleta Non-imaging" (funcionamento contínuo no Sandia National Laboratory desde 1994), a lente óptica Demultiplexer concentrador solar (Dr. James / Sandia National Laboratory, 1991), e é o inventor de um pacote original da energia solar "Solar Power Pack" (Mãe Terra News, "Littlest Utility" Junho / Julho de 2001).

Além disso, Kinkaid tem sido um orador oficial e apresentador de tecnologias de energia limpa em vários eventos ao redor do mundo, incluindo "APEC", Bangkok, Tailândia, 2003, "World Energy Solutions", Tóquio, Japão, de 2003, a Conferência

Internacional de Biomassa (IBC), 2010, Minneapolis, MN, ea Conferência sobre algas Organização Biomassa (ABO), de 2010, Phoenix, AZ.

Christopher (Toby) Kinkaid apareceu em entrevistas e entrevistas na TV Koin, KGW TV, e "hoje Sustentável" produzido em Oregon, e atuou no conselho de administração da Associação Nacional de hidrogênio EUA, Washington DC, 1993 japonês Sociedade de Comunicação por Satélite (JCNET), Fukuoka, Japão, 1994-1995, e Algaedyne Corporation, Preston, MN, 2010-2013.

Kinkaid, atualmente atua como CEO da Solardyne, LLC, em Portland, Oregon, onde continua o seu trabalho como um especialista em desenvolvimento de aplicações e pesquisa de energia solar, eólica e biomassa.

Introdução

A necessidade de água limpa é essencial para a vida. Sem água potável, sem civilização. A luz solar natural contém ultravioleta (UV), que são capazes de destruir os agentes patogénicos presentes na água, ao quebrar o ADN das suas células. Hoje a tecnologia moderna tem um pedaço da natureza uy usadas lâmpadas YV alta eficiência irradiar água poluta matar 99,99% de todos os patógenos nocivos presentes na água.

Irradiando sua água com altos níveis de raios UV destroem esses patógenos, permitindo o fornecimento de água a partir de poços ou fontes de superfície, tais como rios, lagoas, rios e Corrientes como uma fonte de água potável.

Hoje, os painéis de energia solar (PV) pode energizar os esterilizadores UV, produzindo disponibilidade de energia limpa em locais remotos, são fáceis de instalar, de baixo custo, e oferecem excelente desempenho e confiabilidade, onde ele conta a operação diária. Os painéis solares fotovoltaicos são sólidos, sem partes móveis, são avaliados para condições extremas e, muitas vezes, com 25 anos de garantia, tornando esta fonte confiável.

Com design e seleção adequada dos equipamentos (do ponto de vista deste livro) sistemas de tratamento de água, uso de energia solar UV são surpreendentemente produtivo que purifica a água para 4 litros por minuto (15,12 litros por minuto) para dezenas de milhares de Galões por dia (centenas de milhares de litros por dia). Sistemas de energia solar FV banco comercial carregar uma bateria para fornecer energia para o esterilizador de água UV contra demanda 24/7 (ou seja, 24 horas por dia, 7 dias por semana)

Este livro inclui exemplos de energia fotovoltaica de energia solar com base na quantidade de água necessária para esterilizar. A operação de lâmpadas UV durante quatro horas ou de operação 24 horas de uso contínuo.

Este book é concebida como um guia passo a passo para a primeira definição de seu sistema de esterilização UV de água, e, em seguida, combinar o projeto com um dos exemplos dados para o Fornecimento de Energia Solar. Se você precisa de quantidades de água mais tratados e oferecidos na lista de exemplos, utilize o **Capítulo Dois** para definir seu projeto para que o seu fornecedor Esterilizador UV água pode identificar rapidamente o sistema certo para ser usado para o seu projeto específico.

O tratamento e esterilização de água são vitais. A água é necessária sempre que os seres humanos operar, e água potável pode ser produzido a partir da mesma fonte de água, mesmo que seja salobra. Os painéis de energia solar (PV) são a forma mais eficaz para dinamizar os esterilizadores UV, com grande desempenho, confiabilidade e custos de combustível e sem locais remotos.

Os desastres naturais, emergências artificiais e áreas remotas precisam de tratamento de água causada onde quer que os seres humanos foi estabelecida. Painéis de energia solar, um preço historicamente baixo, pode ser a solução para esterilizadores de energia UV.

Esterilizadores UV usar Ultra-Violeta luz de alta intensidade para matar agentes patogênicos que vivem em fontes naturais de abastecimento de água. A água limpa pode ser produzido a partir de fontes de água doce e água salgada. Este book é concebido como um guia para o dimensionamento e construir seu exclusivo sistema de tratamento de água com UV solar fotovoltaica, um tratamento de água UV não está conectado à rede, independente de energia solar de alimentação.

A água potável é uma necessidade vital. Painéis solares fotovoltaicos estão bem colocados para fornecer energia para os sistemas de esterilização para locais remotos. Este book foi escrito para ser um recurso a este respeito e para apoiar esse esforço.

Capítulo Um - Como trabalhar a UV esterilizadores de água

A luz ultravioleta causa muito é conhecido como um lugar ideal para produzir água potável a partir de fontes método polutas. Muitos anos atrás, os cientistas descobriram que a luz com comprimentos de onda de ondas UV podem destruir organismos patogênicos, causando infecções que são encontrados em nossa água potável por quebrar o DNA de suas células transformando aqueles corpos inertes. Produzido por meios naturais artificiais, UV 254 nm corretamente entregue é altamente eficaz para a esterilização de água para agentes patogénicos.

A luz UV, numa dose suficiente é um esterilizador que destrói eficazmente todas as bactérias comuns, vírus e esporos, que são normalmente encontradas em água, incluindo, coliformes, E. coli, Cryptosporidium, hepatite, gripe, M. tuberculosis, Giardia, V. cholerae, Legionella, Salmonella, B. anthracis, para citar alguns.

O esterilizador de luz UV como, com filtros adequados, mata 99,99% dos patógenos na água, sem produtos químicos, tornando a água salobra em limpo, seguro e agradável para beber.

As catástrofes naturais ou provocadas pelo homem, a grade é a primeira coisa que vai. O tratamento da água e dos resíduos, se o site é muitas vezes fatalmente comprometida pela existência de desastres, eliminando a infra-estrutura ou a disponibilidade da oferta para que ele funcione. Sistemas de energia fotovoltaicos não conectados à rede ou isolados podem fornecer energia para um único sistema de tratamento de água, e ter uma melhor chance de ficar operacional em um desastre não estar conectado à rede.

A tecnologia de UV imita natureza para eliminar os agentes patogénicos que causam infecções em água. Agindo como UV solar, sistemas artificiais de UV atacar o DNA de patógenos, matando suas células e financiar a sua água é segura para beber.

Utilização de sistemas de tratamento de água UV eletricidade para ligar lâmpadas de alta potência UV. Estas lâmpadas estão rodeadas por um tubo transparente de água que conduz a água para o tubo e em torno de todos os lados, sob a irradiação UV para um dado fluxo.

A energia requerida pelo sistema é muito baixa esterilizador UV, porque as lâmpadas de UV balastros são muito eficientes. A exigência de esterilizadores de baixa potência UV faz bom para ser alimentado por energia solar in situ.

Sistemas solares fotovoltaicos de tratamento de água UV se encaixam bem para o uso prático em locais remotos, e espera para mostrar como este livro é uma grande vantagem para o operador instalador.

Por Esterilizar com Tratamento de Água UV?

Há muitas maneiras para esterilizar água. Os agentes patogénicos prejudiciais na água pode ser destruído através de ozono, peróxido de hidrogénio, cloretos, e ainda os radicais hidroxilo (OH), e se bem concebido, pode ser muito eficaz. No entanto, nenhuma dessas abordagens atingiu a maturidade suficiente para ser rentável em áreas remotas, e energia solar, como ele tem feito e tornou-se, de acordo com a experiência do autor.

O tratamento da água UV e abordagem esterilização primeiro usa um filtro de todas as partículas com o filtro de sedimentos ou filtros. Em seguida, o sistema de filtros de partículas remanescentes UV (abaixo de 5 microns) com um filtro em bloco de carvão. Uma vez que as partículas são removidas, o passo final, começa com uma dose alta de irradiação UV. Seguindo em espiral para cima e ao redor da lâmpada UV, uma fina corrente de água é irradiado de todos os lados, destruindo todos os microorganismos, com remoção de 99,99%. Sistemas UV para tratamento de água é auto-monitor, e são fornecidos de alarme de aviso se as lâmpadas UV falhar abaixo dos padrões, por qualquer motivo.

Benefícios do Tratamento de Água UV Esterilização:

Sem produtos químicos são utilizados no uso da esterilização de UV e, portanto, sem impacto ambiental, não há desperdício, e não possível overdose, como tratamentos químicos. Tecnologia UV, não usando química, não produz subprodutos químicos que podem introduzir outras abordagens químicas, tais como a combinação de cloretos orgânicos e produzir trihalometanos.

Os esterilizadores de água UV são as aplicações mais utilizadas "ponto de uso." Instalado em "O consumo do item" como a última etapa do tratamento de água, esterilizadores UV oferecem em tempo real e entrega imediata da "Água potável." Esta capacidade de "tratamento imediato" garante que a água que você está bebendo está cumprindo a lista de normas elaboradas para o consumo pela população.

Os esterilizadores de água UV que usam filtro de bloco de carbono 5 Micron, não causam alteração do paladar, odor, pH, condutividade ou água. Os oligoelementos minerais essenciais permanecem dissolvidos na água com uma água limpa e saudável na demanda.

Esterilização da água UV Sistemas de auto-monitor e proporcionar o funcionamento automático. Eles são fáceis de instalar como um pré-montado e testado na fábrica sistemas sistema montável, UV estão listados nos seguintes exemplos abaixo, eles são fáceis de trabalhar sob condições de campo. Os filtros de cartucho de substituição e lâmpadas UV quando necessário, é estritamente fácil de fazer em poucos minutos. O alarme do monitor lâmpada UV soa se você tem uma lâmpada para fora, de modo que esses esterilizadores bem desenhados oferecem confiabilidade na condição de trabalho.

Esterilização da água sistemas UV são econômicos de operar. Você pode esperar para esterilização centenas de litros por minuto por cento dos custos operacionais.

Juntamente com fornecimento de energia solar, o tratamento de água do sistema UV pode ser completamente livre de custos de combustível construídos. Se o seu site ou localização é muito remota, sem transporte ou combustível compras pode ser uma grande vantagem.

Capítulo Dois - Definir o melhor passo a passo do Sistema de Tratamento de Água UV para o Trabalho

O dimensionamento do seu sistema de tratamento de água UV é tudo sobre a entrega em gal Dia de ler este livro sugere ter um projecto de tratamento de água UV em mente. É a sua água em um poço ou uma fonte de água de superfície ou de uma decisão municipal? Os passos a seguir você irá definir as suas necessidades de tratamento de água como a base para a escolha do melhor hardware para o trabalho.

Passo: O que é a fonte de sua água?

A primeira pergunta que vem é: "É a sua fonte de água doce ou salgada" doce ou salgada, pode ser poços, lagoas, riachos, córregos, lagoas, lagos ou rios pequenos. Fontes de água salgada pode ser a partir do mar, ou do oceano nas proximidades. Se você precisa para tratar a água salgada, então você vai precisar de um Osmose Reversa (SOI), que exige o seu próprio fornecimento de energia solar para pré-tratar a água antes de ser esterilizada com UV.

Sistemas de processamento de SOI remover os sais do atual, mas não garantem que a água é potável e segura para beber. Para matar as bactérias, vírus e agentes patogênicos, você vai precisar de uma esterilização da água UV. Para as fontes de água salgada, visite o Capítulo 8, uma vez que deve Incluindo uma SOI em seu projeto.

Passo dois: Qual é a pressão em sua fonte de água?

Sua fonte de água tundra sua própria pressão, como a ingestão de água municipal, ou a partir de um tanque de água, ou não. Se a água não é pressurizado você precisará fornecer pressão. Os esterilizadores de água UV requerem uma pressão de entrada de obras de água, e tem uma pressão máxima de trabalho de 125 PSI (8,5 bar).

Pressão da água comum da cidade varia, mas geralmente está na gama de 30 psi (2,04 bar). Se a sua fonte de água é decisão municipal, em seguida, a pressão virá do existente na linha de alimentação e você pode se conectar diretamente à sua esterilização de água do sistema UV.

Muitos sites usam tanque remoto ou cisterna, colocado acima do carro ou casa, para suprir a pressão da água. Este sistema de alimentação "Gravity" dá pressão para a linha de água dentro do esterilizador de água UV. Se você está construindo o seu tanque, certifique-se de colocar o seu tanque ou depósito de pelo menos 70 pés (21,34 m) acima da elevação casa, para proporcionar a pressão adequada. A altura de 70 pés trazer a pressão nominal de 30 PSI que você precisa, e prazer.

Se a sua fonte de água é um Bem, você pode bombear e armazenar a água no tanque, como descrito acima, ou você pode conectar uma bomba separada de água solar para bombear água do poço diretamente para o seu sistema de tratamento de UV água.

A tundra filtro de água sistema de tratamento UV em linha na entrada para começar a filtrar partículas maiores dissolvidos na água, tais como sujeira, mofo, ferrugem, restos, e outras escalas, com o segundo filtro fase Filtro de carbono remove partículas quimicales outro menor e inferior a 5 microns. Para mais informações sobre Fornecimento de bombas solares para bombas de poços, por favor consulte o meu livro "PV Solar Bombeamento de Água".

Se a sua água é muito rasa, então, como uma lagoa, lago, riacho, córrego, tanque ou cisterna deve wangle uma altitude média de pressão. Uma solução é conectar diretamente a esterilização UV sistema de bomba de água de superfície.

Conectando uma área bomba diretamente para o seu esterilizador UV permite poço de água para o seu sistema a partir de uma fonte completamente salobra e poluta. Ideal para condições gerais reais. Superfície de bombas têm também um filtro em linha localizada antes da bomba para retirar as partículas suspensas. Esterilizadores UV também terá um jogo para Filtro máximo online nesta pesquisa. Para mais informações sobre as especificações de alimentação da bomba Bombas de superfície solar, por favor consulte o meu livro "PV Solar Bombeamento de Água."

Terceiro Passo: O que é a qualidade da água da minha fonte de água?

A fonte de água que você está usando um armazenamento de chaves é como selecionar a consideração equipamento certo. Se a sua fonte de água é um poço profundo, então você vai estar na melhor situação porque a água profunda é geralmente muito limpo, e não pode exigir sistema de filtragem adicional.

No entanto, se a sua fonte de água é um bem, você pode construir a sua água em um grande tanque, ou ligar directamente o seu esterilizador bomba submersível Bem UV-la. Consulte "PV Bombeamento de Água Solar" para obter informações sobre bombas submersíveis.

Se você faz parte de uma superfície de Fonte de Água, assim como uma piscina, lagoa, rio, riacho, rio, ou outra fonte de superfície, então você certamente partículas tundra e outras formas de poluição presente. Para as fontes de superfície você precisa de um sistema de bomba de superfície para fornecer a pressão de trabalho necessária para o bom funcionamento do tratamento de água UV. Consulte "PV Bombeamento de Água Solar" para obter informações sobre bombas de superfície. Em todos os casos, a água de superfície a partir de fonte a ser filtrada.

Sistemas esterilizador UV listadas nos exemplos aqui tem dois estágios de filtração. A primeira fase é a fase de sedimentação. Online Filtros vêm em forma de cartucho e são calibrados para partículas abaixo de 5 microns. O filtro de sedimentos remove a água mais tempo, tal como sujidade, ferrugem e outras partículas suspensas em que as partículas de água.

A segunda fase de filtragem é um tipo de filtro em bloco de carvão, que separa os cloretos, odores e sabores e quaisquer outras partículas que passam através da primeira etapa, também a remoção de partículas abaixo de 5 microns.

Se você está enfrentando uma qualidade particularmente desafiador de água, em seguida, adicione Filtros adicionais online. Outro conjunto de filtros cartucho Stage 10" (254 mm) ou 30" (762 mm) e filtros de segunda fase, os parâmetros de baixa água para níveis normais.

Turbidez - (Sólidos Suspensos)

A turbidez de sua fonte de água é importante. As partículas em suspensão na água pode cobrir ou bloquear a luz UV que atinge cada microorganismo em água. O filtro de sedimentos Primeira Etapa (5 microns) irá remover a sujeira, óxidos e partículas de comprimento. Filtrar carbono bloco Segunda Etapa (5 microns) varrer qualquer cloreto e outras partículas pequenas, deixando-a água pronta para o estágio final de absorção de radiação UV.

Experimente e teste sua turbidez da água. Você precisa manter a turbidez da água inferior a 1,0 NTU. Filtros on-line acima devem operar nas melhores condições para alcançar esses níveis de menos de 1,0 NTU. Se a fonte de água é uma turvação maciço, em seguida, usar um conjunto de filtros de cartucho adicionais como pré-tratamento Online.

TSD - (Sólidos Totais Dissolvidos)

TSD nível não deve ser superior a 500 ppm (partes por milhão). Dureza Total (sais de cálcio e magnésio) Menor deve ser de 10 gpg (grãos por galão). Se a sua amostra for superior a este valor deve ser adicionado online um purificador de água antes dos filtros.

Taninos e cores deve ser inferior a 2 ppm em sua amostra, ou precisa de um tratamento pré de purificador de água.

Ferro - deve ser baixa de 0,33 ppm.

Manganês - deve ser inferior a 0,05 ppm.

Se a sua amostra for superior a qualquer uma destas normas será necessário adicionar filtros, ou um ato purificador de água como tratamento pré e pré purificador sua entrada de água. Os filtros instalados (Sedimentos Filtros Filtros Primeira Etapa de Carbono e segunda etapa) dentro de seu sistema irá tratamento UV posteriormente. Então irradiar água com uma forte dose de UV, que vai deixar a água limpa, agradável e seguro.

Passo Quatro: Quanta água eu preciso diariamente em litros por dia?

Dimensões Solar Fonte de alimentação estão diretamente relacionados com a quantidade de água que você quer para esterilizar. Quanto mais água você precisa, quanto maior a sua construção PV sistema de energia solar.

Demandas residenciais variam de acordo com o uso e estilo de vida. Demandas residenciais variam de acordo com o uso e estilo de vida. Menores chalés, cabanas. casa até 3 pessoas geralmente precisam de pelo menos 240 litros por hora (908,5 litros) para beber, cozinhar, limpar, etc. Venha ser cerca de 80 GPD (302,8 LPD) por pessoa, incluindo todos os usos de consumo geral, no entanto, deve analisar suas reais necessidades de água e desenvolver a sua GPD gráfico.

Passo Ayes: Quanto necessidade de energia solar para energizar o sistema UV?

A quantidade total de água que você esterilizar diária é a chave para o tamanho do seu sistema de emissão da fonte de alimentação solar. Apresenta sistemas listados abaixo já foram calculados, no entanto, se você quiser o tamanho do seu próprio sistema, as seguintes informações serão úteis.

Esterilizadores UV água são normalmente classificados em galões por minuto (GPM). Como são 60 minutos por hora, a cada hora de água bombeada será de 60 vezes o GPM. Se o GPM é 10, então em uma hora poderia entregar 600 galões. Painéis de energia solar, no entanto, fornecer energia durante o dia, e estimar quantas "horas Pico equivalente determinada localidade recebe do sol para calcular quanta energia um painel de energia solar fotovoltaica pode produzir determinado.

O sol é uma fonte poderosa de energia. Em termos de potência de pico de energia solar, o sol tem um preço às condições de avaliação padrão (STC). Essas condições definem a densidade de potência de pico de energia solar na superfície da Terra para alimentar 1.000 Watt por metro quadrado (cerca de

10,5 metros quadrados). Nota: O STC também definir a quantidade de massa de ar que leva a passagem do sol (1,5 AMO), a temperatura padrão (77 graus F) 25 graus C, a velocidade do vento de 2 m / s, para uma melhor definição de estas condições padrão para a avaliação.

Para determinar a quantidade de energia solar que você tem em sua área de ver de pico dom para a sua localização em um mapa solar. Em nossos exemplos aqui estamos usando uma cidade no Kansas com 5,5 Peak Horas de sol Observe a taxa de pico para a sua localização.

O recurso a energia solar ocorre em condições de pico em um céu claro, um quilowatt (mil watts de potência óptica disponíveis para conversão) por metro quadrado. Módulos de energia solar (painéis fotovoltaicos PV) converter a energia óptica é em corrente contínua ou contínua (CD ou CD) com boa eficiência de entrega de cerca de 140 Watt de eletricidade por metro quadrado.

Painéis fotovoltaicos são "bem servido" para produzir a tensão desejada. Cada "célula" Solar produz cerca de metade Volt CD em si. Surpreendentemente, mesmo sob condições de nebulosidade solares produzem bons tensões.

A quantidade de energia solar que atinge o painel PV dá uma quantidade de "corrente" que as células produzem. Um sol direto mais, além de corrente de saída. As células solares são interligadas para produzir módulos solares que você pode usar para seu projeto de tratamento de água UV.

Um metro quadrado de luz solar produz uma poderosa força elétrica. Produção de 140 Watt 12 VDC atual para um pouco mais de 10 ampères é gerado. Esta é uma quantidade respeitável de energia e pode esterilizar uma incrível quantidade de água.

Quando você sabe que o volume de água por dia para um determinado projeto esterilizador de água do sistema UV desejada, então você é capaz de tamanho e energizar o projeto com adequado sistema de energia solar fotovoltaica. Nos capítulos seguintes vamos discutir diferentes sistemas UV Água Esterilização para determinados volumes e água fluir.

Passo Sete: escolher o melhor sistema de tratamento de água com energia solar fotovoltaica.

A partir dos próximos capítulos, o melhor sistema de UV alimentado por painéis solares fotovoltaicos para o seu projeto seja selecionado.

Combine o sistema exemplo que melhor corresponda ao seu desejado de água total que você quer entregue a cada dia, em litros por dia (GPD). Alguns aplicativos, como o processamento de alimentos, podem requerer taxas de fluxo ainda maior. Os sistemas listados abaixo são organizados por fluxo e Total de litros por dia entregues.

Uma vez que a estatística vital conhecida Sobre o tratamento da água UV projeto usando energia solar, o fornecedor do equipamento pode saber como configurar o seu sistema.

Sua outra opção é combinar a partir dos sistemas apresentados neste livro com o qual você se aproxima das condições e requisitos de tratamento de água de seu projeto.

Se você não vê um sistema suficientemente forte dentro das listas, em seguida, ir para os viadutos e visitar **Solardyne.com** www rede de redes para obter mais informações sobre sistemas maiores.

Capítulo Três: Os sistemas que utilizam painéis solares de energia solar PV carregar baterias para fornecimento de energia.

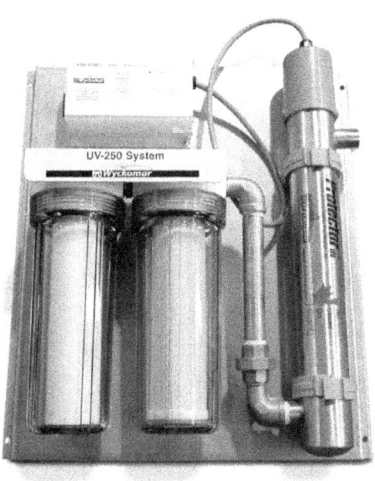

O sol é uma fonte poderosa de energia ao poder e sistemas de esterilização PV água ideal em áreas remotas. Módulos solares produzir fortes correntes CD, e são bem adequados para condições extremas para a sua durabilidade e confiabilidade comprovada. Os painéis solares fotovoltaicos produzem tensões fortes, mesmo em baixos níveis de iluminação fornecendo alguma capacidade de carregar o seu banco de baterias, mesmo em tempo nublado. Geradores fotovoltaicos solares são configurados para fornecer um certo desempenho especificado em uma ampla gama de condições climáticas. Conseqüentemente, os sistemas solares fotovoltaicos de carregamento da bateria é "desproporcionado" para compensar a variabilidade do recurso solar na localidade.

Sistemas de Tratamento de Água UV exigem uma fonte de alimentação. A "energia" necessária para aumentar a carga elétrica total é calculado a partir do conhecimento da demanda de energia, e as horas por dia que você pode operar o equipamento. Energia é igual a poder pelo tempo. Um quilowatt de energia usada por uma vez exige um quilowatt-hora (kWh) de energia.

A luz solar natural contendo luz de diversos comprimentos de onda, e podem ser utilizados separadamente, para fins diferentes. Os comprimentos de onda curtos (200-400 nm) e UV são ideais para as aplicações de tratamento de água e de esterilização. Os comprimentos de onda visíveis (400-720 nm) de violeta, índigo, azul, verde, amarelo, laranja e vermelho, tendo comprimentos de onda progressivamente mais longos, são excelentes para a produção de electricidade solar fotovoltaica (PV).

Comprimentos maiores comprimentos de onda presentes na luz solar, Infra Vermelho (720-1100 nm) é ideal para aplicações tais como ar de aquecimento térmico ou água. No entanto, para as funções de esterilização da água, apenas raios de curto comprimento de onda UV (em torno de 254 nm) são capazes de matar microorganismos na água.

Existem tecnologias de conversão de energia solar que utilizam do espectro solar UV de vida natural diretamente para interromper os organismos patogênicos na água. O uso direto da radiação UV solar é demonstrável em fase experimental, mas não tão compacto e confiável como atualmente desenvolvido esterilizador UV tecnologia com eletricidade solar.

É também interessante notar que a luz UV, que cai, naturalmente, é menos do que 2% do espectro solar emergiu. No entanto, a nossa abordagem é a utilização de energia solar como fonte de energia elétrica.

Painéis solares fotovoltaicos modernos podem ter uma eficiência de 14% no campo. Portanto, termodinamicamente, a conversão da energia solar, em primeiro lugar, em electricidade e, em seguida, executar uma lâmpada de UV produz muitas vezes mais luz UV de 254 nm, que ocorre com a luz por metro quadrado.

Este livro usa exemplos de energia solar para produzir eletricidade `. Energia solar é usada para carregar um sistema de bateria. As baterias carregadas com energia solar pode fornecer energia para um inversor para o padrão de alimentação AC que pode alimentar um Tratamento de Água UV na demanda.

Sistemas de Energia Solar para o esterilizador UV irá incluir um conjunto de painéis solares fotovoltaicos com o hardware de montagem para adicionar e instalar seus painéis in situ. A energia CC a partir dos painéis solares está ligado a um controlador de carga.

O controlador de carga é o "cérebro" do sistema e executa várias funções para manter o seu sistema de energia segura, e operar de forma eficiente. O controlador de carga ajusta a potência proveniente do painel solar PV encontrar o seu ponto de potência máxima. Controladores de usar esse rastreamento Maximum Power Point (MPPT MPPT ou Inglês) para igualar a saída ideal dos painéis para carregar as baterias a uma tensão específica.

Controladores também monitorar a tensão de carga de bactérias, e fornecer proteção para as bactérias de duas condições. Alta Tensão e Baixa Tensão.

Condições de alta tensão acontecem quando as baterias estão começando sobrecarga. A sobrecarga é prejudicial para a bateria e pode provocar a sua falha. Portanto, o controlador de carga detecta essa condição e emprega uma High Voltage Disconnect (DAV) Este DAV (HVD Inglês) diz ao motorista para abrir o circuito a partir de painéis solares para carregar não mais ocorrer para as baterias.

Além disso, se a tensão da bateria é medida por quão baixo o controlador, o controlador utiliza um Disconnect Baixa Tensão (LVD DBV ou Inglês) para interromper a carga do circuito de alimentação, sobre a carga e sem saída bateria. A condição DBV também é prejudicial para as baterias e é usado para a protecção do circuito.

Porque o tratamento de água é tão vital, o usuário deve ser capaz de iniciar o sistema e água potável sob demanda 24/7. Para conseguir isso, usamos um banco de baterias que armazena energia a partir de painéis solares fotovoltaicos para abastecer o esterilizador UV. Exemplos de bancos de baterias nas amostras acima referidos sistemas, são baseados na energia total requerida pelo esterilizador de água UV para trabalhar um número de horas, ea quantidade total de água limpa e entregue em litros por dia

Em relação às fontes de alimentação, todas as tensões trabalhar "downhill". Se você quiser energizar a carga de 12 VCC a partir de um painel PV, você vai precisar para produzir mais de 12 VCD em lidar com a tensão de carga a partir de um painel solar PV ou a partir de uma bateria. Para um painel solar PV produz mais de 12 fabricantes VCD 36 células individuais devem ser ligados em série no interior do módulo. Cableándolas para uma conexão serial "Adiciona", produzindo uma tensão de 18 VDC valor nominal.

Sob carga, quando conectar o esterilizador UV, a queda de tensão no sistema direciona a forma como o painel solar.

Painéis solares menores 60-135 Watt são geralmente 12 VDC. Se você quiser que os sistemas de alta tensão conectar esses módulos em série. Dois em série para 24 VDC. Quatro em série para 48 VDC. Painéis solares maiores, 140 e 280 Watt estão ligados e conectados a cada 24 VDC. Conecte dois painéis em série para 48 VDC. O CD da tensão de sistema de energia solar fotovoltaica é determinada pelo inversor você optar por dar energia para a carga. Desde o inversor de tensão de entrada, você determina sua tensão de trabalho de bactérias (que deve caber), e retornando a partir daqui, você vai saber o que sua fiação tensão painel solar. Mais uma vez, a tensão DC solar deve corresponder à tensão da bateria, o que em funcionamento deve coincidir com o CD de voltagem de entrada do inversor.

Nota: Ao conectar os painéis solares fotovoltaicos ligar em série para aumentar a tensão (corrente permanece o mesmo), e conectá-los em paralelo para aumentar a corrente (tensão permanece o mesmo).

A energia produzida pelo painel fotovoltaico de energia solar é a taxa multiplicada pelos Horas - pico diário localmente.

Verifique com o seu local de mapa de energia solar, e observe quantas horas a radiação solar Sol Pico recebeu localmente.

Montagem painéis solares em sua cidade - Opções.

Os painéis solares pode ser montado numa variedade de maneiras. Essas opções incluem a montagem em um poste no chão, montagem no teto, e monta monitoramento passivo e Track Ativa.

Montagens fixas segurar o painel solar com um ângulo específico de inclinação, que é ajustável. Para aumentar a produção de seus painéis solares fotovoltaicos abaixo, você pode ajustar o ângulo sazonalmente para maximizar a exposição ao sol. Todos os conjuntos são feitos com inclinação solar, virada a sul, quando estamos localizados em uma cidade no Hemisfério Norte. (Nota: do Nordeste seus painéis se ele está localizado em uma cidade no hemisfério sul).

Painéis fotovoltaicos para bombeamento de água precisa de uma estrutura forte e confiável. Painéis solares fotovoltaicos podem ser montados em poste na sua extremidade superior, como a cabeça do mastro, ou até mesmo ao lado dele. O equipamento para o lado de montagem tem um suporte na parte inferior e superior do painel de energia solar fotovoltaica.

O pólo de montagem é uma ótima opção, pois ele mantém o seu painel acima do solo minimizando os efeitos da terra no painel, como o aumento de sujeira e poeira. Além disso, a fiação seus painéis, como eles já estão montados na estrutura de suporte, é fácil de se rastejar sob los manualmente (As caixas de derivação estão localizados abaixo dos painéis).

O pólo montar o seu painel solar também torna a instalação mais fácil. Pequenos painéis solares será montado em um tubo de diâmetro padrão 1.5" (38.1 mm) Horário n ^{o} 40. A preparação do local inclui cavando um buraco e definir o post com concreto.

PV sobre até 2.000 watts montado no Extremo Post, painéis solares são montados em tubos de diâmetro de 2,5" (63,5 mm) Horário n ^{o} 40, ou 3,5" (88,9 mm) e até 4,5" (114,3 milímetros) para matrizes maiores. Os exemplos abaixo mostram os diâmetros específicos para suas montarias.

Para robustez, baixo custo, você pode também fazer o seu chão de montagem do painel solar. Este terreno de montagem é normalmente feito com uma estrutura em forma de A, que lhe permite ajustar o ângulo de inclinação. O ângulo ideal geral para a montagem de seus painéis solares está tomando o ângulo de latitude do local e subtrair 15 graus. Assim, se sua cidade tem uma latitude de 45 graus, em seguida, o ângulo de inclinação apropriado de sua matriz de energia solar fotovoltaica deve ser de 30 graus, medido a partir da horizontal.

Nota: Se o seu site está em uma cidade tropical ou em algum lugar com tempo nublado, o melhor ângulo é nenhum ângulo. Monte sua tela plana em um plano paralelo ao chão. Assim que receber a radiação solar "global" mais, o que é a radiação dos raios diretos e indiretos.

Você também pode montar sua matriz de energia solar fotovoltaica em seu telhado, se o site é sobre. Em muitos casos, não é possível, assim que eu mencionar única variante é como uma escolha.

A produção de energia solar aumenta se você está sempre de frente para o sol. O equipamento de monitorização faz isso de um eixo - de manhã à noite - ou em dois eixos - Altitude e azimute - o que é mais preciso.

Os seguidores são classificados em dois tipos: passivos e ativos. Seguidores passivos, tais como caixas de Zomeworks tem grande força, e aumentar a produção do painel solar PV em 25%, em média. Seguidores tipo passivo usar o aquecimento desigual dos gases internos para ajustar automaticamente o painel ao longo do dia, seguindo o sol. Na parte da manhã, os seguidores repor ao nascer do sol e repetir o ciclo.

Os sistemas de energia solares fotovoltaicos funcionam melhor sob luz solar direta. Após a passagem do sol, a produção de energia solar fotovoltaica aumentou mais do que o valor nominal.

Seguidores ativos utilizando a assinatura Wattsun Trackers ativos aumentar a produção de painéis solares fotovoltaicos quanto 35%. Usando um sensor e servo motores solares, alimentados com uma série de painéis solares fotovoltaicos independentes, você seguidores Wattsun extrair potência máxima de sua matriz de energia solar fotovoltaica.

Há um custo aumentado para o equipamento, mas o desempenho do sistema aumenta dramaticamente. Se o seu site é muito remota, eu recomendaria um sistema sem partes móveis, e ir para um sistema do tipo Far Poste de montagem que, potencialmente, não requer manutenção.

Se o seu site tem fácil acesso, ou se você está em um espaço reduzido, uma vigilância activa é uma ótima maneira de aumentar a performance.

Na amostra de sistemas listados abaixo usará dois exemplos de painéis solares fotovoltaicos. Para os pequenos sistemas solares fotovoltaicos classificados para cada 12 VDC, Dasol 30, 60, 90 e 135 Watts de potência, respectivamente, os painéis são citados. Para maiores painéis solares fotovoltaicos usará os módulos populares e amplamente disponíveis REC 250 Watt de linha nominal de 24 VDC cada.

Os escolhidos para a lista de componentes nos exemplos mostrados abaixo amostras de sistemas, as baterias são livres de manutenção, tipo selado e resistente a vazamentos. As baterias de gel seladas são projetados para ser rústico e confiável. Estas baterias podem operar em qualquer posição (de cima para baixo não é recomendado), e são construídos para durabilidade e expedição.

Todos os sistemas solares fotovoltaicos de carga da bateria Controlador de Carga usará um tamanho adequado, então `proteger o banco de baterias para confiabilidade e livre de manutenção. Baterias usadas nos exemplos são selados 12 VDC. Para sistemas maiores, as baterias são ligadas em série ou em paralelo, ou ambos, para coincidir com a tensão de entrada do conversor.

Um inversor é adicionado para converter as baterias de capacidade em CD único da electricidade AC fase para alimentar o sistema de tratamento de água UV.

Considerações sobre a instalação e Abastecimento Localização sua PV solar.

O seu sistema de energia solar pode ser localizado a uma certa distância de seu esterilização UV sistema de água. O UV esterilizador de água deve ser montado dentro de casa se a temperatura cai abaixo de 4 º C (40 º F). A faixa de temperatura ideal para o equipamento esterilizador UV é entre 9 e 29 graus C. O sistema de energia solar fotovoltaica pode ser montado a 200 pés (60,96 m) a partir da localização do sistema de Esterilizador UV de água.

Nota: Se os seus painéis solares fotovoltaicos têm de ser localizado a mais de 200 pés (60,96 m) banco de baterias e sistema Esterilizador UV de água, você pode aumentar a tensão de sua matriz de energia solar fotovoltaica para compensar as perdas devido à tensão aumento no comprimento da ligação. Traga seus cabos solares PV de eletricidade para o seu banco de baterias, onde o seu Controlador de Carga, Inversor e as baterias estão localizados. Se a sua localização é em um lugar muito quente para aumentar a sua tensão através da adição de um outro painel Solar Array em série para aumentar a tensão da corda PV.

Os sites remotos são notórias para a dificuldade de sua oferta. Muitas vezes, neles não há energia disponível, que é o ponto deste livro, para sistemas de energia com esterilizadores UV tratamento com energia solar fotovoltaica. Como tal, os componentes eletrônicos sensíveis de seus painéis solares requer proteção. Eles estão incluídos nos exemplos descritos abaixo, caixas de baterias de proteção do clima, e outras externalidades ambientais. Caixas de bateria são isolados ou não. Se você está em um clima muito frio isolado usá-los. Se o tempo estiver quente, use-os sem isolar. Se o tempo estiver quente, use-os isolados.

Os painéis solares fotovoltaicos são montados em Post Extreme (existem outras opções, como o

Monte Floor, teto, ou Track) para instalar a matriz solar PV como a cabeça de um mastro. O equipamento de um mastro é fixado à extremidade superior de um tubo de aço verticais de 1.5" (38.1 mm) e 4,5" (114,3 milímetros) de diâmetro, Schedule 40, enterrado no chão para a instalação de painéis solares fotovoltaicos. Matrizes de instalações solares fotovoltaicos em pu7eden mais velhos uso do solo como plataformas estáveis e confiáveis, pois seus fundamentos podem ser seguros no chão, levando em locais extremos.

A idéia geral é para montar o sistema de água UV Sterilizer ou a estrutura de Água Principal ou Ponto de uso é mais aconselhável usar o ponto, porque não há oportunidade para a contaminação cruzada. Se você montar o sistema de UV para a sua principal entrada de água, em seguida, certifique-se de esterilizar a tubulação para baixo o fluxo de modo que a água atinge o usuário não contaminada limpa.

Os capítulos a seguir incidirá sobre as especificidades UV Sistemas de Tratamento de abastecimento de água e energia solar fotovoltaica correspondente para um determinado jornal Tratamento de Água em litros por dia (GPD) entregue volume.

Plano Geral:

Se o seu abastecimento de água para o tratamento é de uma fonte municipal, você deve usar a esterilização UV Sistema de Abastecimento de Água e de energia solar fotovoltaica.

Se o seu abastecimento de água para o tratamento é de uma fonte de superfície, como uma lagoa, lago, riacho, córrego, ou um tanque ou cisterna na mesma elevação, você vai precisar de uma fonte de pressão, por isso você vai precisar de uma área de bomba. Este Book abrange o fornecimento de sistemas de energia solar para a esterilização da água UV. Se você precisa para alimentar sua bomba com sol ver o meu outro livro "PV Solar Bombeamento de Água" para especificações sobre bombeamento solar e seu fornecimento de energia.

Se a sua fonte de água é um poço profundo, então você precisa de uma bomba submersível, consulte "PV Bombeamento de Água Solar" para especificações sobre bombas submersíveis e fonte de alimentação.

Nos exemplos a seguir discutimos sobre Fontes de Energia Solar para um determinado fluxo de Tratamento de Água UV, bem como o número de horas por dia em que o sistema irá operar para um determinado tratado de fornecimento de água de água expressa em litros por dia

Capítulo Quatro: Sistema UV Água Esterilizador a 4 GPM (15,1 LPM) com Fornecimento de Energia Solar 240-5,760 litros por dia (908,5 a 21.804 LPD)

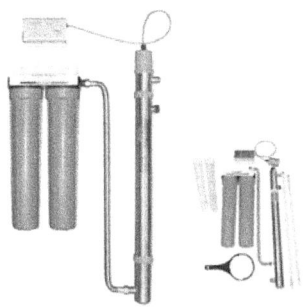

Neste capítulo, vamos observar um sistema de dimensionamento de Tratamento de Água UV para o uso de uma pequena cabana ou casa com sistemas de abastecimento de diferentes com base na quantidade de água que você precisa para esterilizar Por Dia Solar PV.

Este sistema de esterilização de UV tem uma taxa de fluxo de 4 GPM (15,14 LPM) e é capaz de produzir 240 galões (908,5 litros) de água potável por hora. A quantidade total de água por dia, que pode produzir depende do tamanho da fonte de energia solar. Este sistema de tratamento de água UV pode usar a água de superfície, lagoas, lagos, córregos, rios pequenos ou poços como fonte de água.

O tratamento da água do sistema de UV utilizado neste exemplo é o modelo de assinatura SYS-POU250 Wyckomar. Este sistema de tratamento de água de UV é uma construção "Todos online" em que todos os computadores são pré-montado e pré testadas pelo fabricante. Entre os principais componentes incluem filtros de linha Connection Filter, Câmaras de lâmpadas UV, reatores de alta eficiência, Low Light com alarme, controle de pressão Válvulas de Alívio desconexão manual e acessórios / O tudo sobre uma placa de montagem de aço inoxidável.

A fonte de alimentação solar menor neste capítulo começará com a operação correspondente do sistema UV para 1 hora por dia O próximo tamanho Solar PV de alimentação funcionará o sistema de 2 horas por dia O terceiro sistema funcionar 4 horas por dia O quarto sistema é operar o esterilizador UV durante 8 horas por dia, eo último exemplo de trabalhar com produção contínua Total de 24 horas por dia, com um número estimado de 5.760 litros por dia (21.804 LPD).

Solar Power Supply

O consumo de energia do sistema é UV POS250 75 Watt. A "energia" réu é, portanto, 75 Watt-hora para cada hora do dia que você deseja executar o seu esterilizador de água UV. Para este esterilizador de água modelo UV cada hora de utilização requer uma quantidade adicional de energia 75 Watt-hora, eo sistema de entrega de amostra energia solar torna-se maior.

É fácil construir um sistema de energia solar fotovoltaica para cargas de energia para 12 ou 24 VDC, e os exemplos mostrados abaixo incluem uma lista de peças para cada sistema de fornecimento de energia solar fotovoltaica. Menores sistemas solares fotovoltaicos serão baseados em um sistema de carregamento de baterias de 12 VCC. Investidores incluído CD irá converter sua voltagem da bateria no padrão AC única fase. Seu sistema de tratamento de água UV é projetado para o poder de CA, de modo que ambos os sistemas, o esterilizador UV e solar estão instalados: basta conectar o esterilizador UV com a sua ficha no inversor e switch.

UV de pré montado, pré Testado e Embalagem de Transporte

O tratamento da água do sistema de UV utilizado neste exemplo é o modelo SYS-POU250 produzido pela firma Wyckomar. Este sistema UV é totalmente integrado com tudo montado, testado e pronto para ser instalado em um componente da unidade subsistemas. O painel é montado em aço inoxidável. Este sistema de tratamento de água UV é equipado com filtros pré duas etapas, uma casa de UV lâmpadas de esterilização, e um monitor com todos os acessórios, canalização, válvulas e integração de sistemas.

O sistema de esterilização da água SYS-POU250 Sterilizer é o "Point of Use" tipo ideal para cabines, trailers, casas remotas, e é melhor para instalá-lo no último ponto da linha antes da utilização final.

Pressurizada Fonte de água:

Se a sua fonte de abastecimento de água para o tratamento é de uma decisão municipal, um tanque pressurizado ou elevado, e tem um pr4sión mínimo de 20 PSI (1,36 bar), e um máximo de 125 PSI (8,5 bar), então você pode conectar seu UV esterilizador de água diretamente para a linha de água, quer no Master Cachimbo ou Point of Use

Sem água pressurizada Fonte:

Se a sua fonte de água é um bem local, então você precisa de um sistema de bombeamento de água contra a pressão de abastecimento de água esterilizador UV. Se este for o caso, consulte o meu livro "PV Solar Bombeamento de Água" para fontes de alimentação específicos e bombas submersíveis solares para a sua situação particular em relação a sua profundidade bem. Quando você seleciona o seu sistema solar bombeamento de água, perceber que o seu sistema é 4 GPM (15.14 LPM) para estes exemplos.

Se a sua água vem de fontes superficiais, como lagoas, lagos, córregos, rios e pequenos riachos, então você precisa de uma bomba para abastecer área de pressão ao seu sistema UV. Se este for o caso, em seguida, consulte o meu livro "Pumping PV Solar e Água" para a fonte de alimentação específica e aplicado a diferentes bombas de fontes de água de superfície, incluindo filtros de linha que serão necessários. Fontes de água de superfície são tipicamente comprometidos. Estas fontes exigem filtros de linha em duas etapas.

Exemplo A - 240 litros por dia (LPD 908,5)

Esterilização de Água 4 GPM (15.14 LPM) - Fluxo de água entregues 240 litros por hora (LPH 908,5). Tempo de Operação Solar Fonte de alimentação: 1 hora por dia Diário concurso produção em água: 240 litros por dia (LPD) 908,5

Uso típico: Pavilhões, barcos, RVs, Casas Fora de rede, sites remotos.

Lista de peças:

Esterilizador UV Sistema de água:

Um (1) Sistema de Água Esterilizador UV SYS-POU250 Wyckomar avaliado em 4 GPM (15.14 LPM). Inclui: Filtragem de água em duas fases (5 microns) com filtros de sedimentos e filtros de carbono, UV Holofote com luva de quartzo e alarme do monitor UV. Malha de filtro, alívio de pressão Válvulas de

Alta Eficiência reator eletrônico. Todos os pré-montado, Pré Testado e placa de montagem em aço inoxidável.

Solar fotovoltaico:

Um (1) painel solar fotovoltaica avaliado em 30 watts a 12 VDC. Exemplo de painel solar: Dasol DS-A18-30. Dimensões de cada um: 27.2" x 13.8" x 1" (690,88 x 350,5 x 25,4 mm). Um (1) Montado Chassis End Post para 30 Watt painel ou semelhante a um tubo de diâmetro 1.5" (38.1 mm) Horário n $^\circ$ 40.

Bateria / Controlador de Carga / Inverter:

Um (1) carga bactérias SUNSAVER-6 controlador de carga nominal de 12 VDC até 6 Amp. Um (1) 8GU1 MK bateria livre de manutenção selada e avaliado em 12 VDC @ 31 ampère-hora. Uma (1) caixa de bateria montada ao lado do poste (abaixo do painel solar PV). Um (1) 12 VDC Inversor para Excel Tecnologia modelo XP 125 Watt AC monofásico.

Nota: Este sistema de energia solar é projetado para executar uma hora por dia para a Água Esterilizador UV Sistema de produção de 240 litros por dia de água potável. Sistemas de tratamento de água mais altos estão listados abaixo.

Exemplo B - 480 litros por dia (LPD 1817)

Esterilização de Água 4 GPM (15.14 LPM) - Fluxo de água entregues 240 litros por hora (LPH 908,5). Tempo de Operação Solar Fonte de alimentação: 2 horas por dia Diário concurso de produção de água: 480 litros por dia (LPD 1817)

Uso típico: Pavilhões, barcos, RVs, Casas Fora de rede, sites remotos.

Lista de peças:

Esterilizador UV Sistema de água:

Um (1) Sistema de Água Esterilizador UV SYS-POU250 Wyckomar avaliado em 4 GPM (15.14 LPM). Inclui: Filtragem de água em duas fases (5 microns) com filtros de sedimentos e filtros de carbono, UV Holofote com luva de quartzo e alarme do monitor UV. Malha de filtro, alívio de pressão Válvulas de Alta Eficiência reator eletrônico. Todos os pré-montado, Pré Testado e placa de montagem montado em aço inoxidável.

Solar fotovoltaico:

Um (1) painel solar fotovoltaica avaliado em 60 watts a 12 VDC. Exemplo de painel solar: Dasol DS-A18-60. Dimensões de cada um: 27.2" x 26.2" x 1.38" (665,5 x 690,88 x 35,05 milímetros). Um (1)

Montado Chassis End Post para 60 Watt painel ou semelhante a um tubo de diâmetro 1.5" (38.1 mm) Horário n º 40.

Bateria / Controlador de Carga / Inverter:

Um (1) Sun Saver-10 Controlador de Carga carga bactérias avaliado em 12 VDC até 10 Amp. Um (1) 8G22NF MK bateria livre de manutenção selada e avaliado em 12 VDC @ 50 ampères-hora. Uma (1) caixa de bateria montada ao lado do poste (abaixo do painel solar PV). Um (1) 12 VDC Inversor para Excel Tecnologia modelo XP 125 Watt AC monofásico.

Nota: Este sistema de energia solar é projetado para operar por duas horas diárias Sistema UV água esterilizador. Conecte seus painéis fotovoltaicos em paralelo para aumentar a amperagem. CD Sistema de tensão: 12 VDC. Produzir 480 GPD (1.817 LPD) de água potável. Sistemas de tratamento de água mais altos estão listados abaixo.

Exemplo C - 960 litros por dia (LPD 3634)

Esterilização de Água 4 GPM (15.14 LPM) - Fluxo de água entregues 240 litros por hora (LPH 908,5). Tempo de operação de energia solar Abastecimento 4 horas por dia Diário concurso de produção de água: 960 litros por dia (LPD 3634)

Uso típico: Cabines, Marinas, Barcos, RVs, Casas Fora de rede, sites remotos.

Lista de peças:

Esterilizador UV Sistema de água:

Um (1) Sistema de Água Esterilizador UV SYS-POU250 Wyckomar avaliado em 4 GPM (15.14 LPM). Inclui: Filtragem de água em duas fases (5 microns) com filtros de sedimentos e filtros de carbono, UV Holofote com luva de quartzo e alarme do monitor UV. Malha de filtro, alívio de pressão Válvulas de Alta Eficiência reator eletrônico. Todos os pré-montado, Pré Testado e placa de montagem em aço inoxidável.

Solar fotovoltaico:

Dois (2) painéis fotovoltaicos solares avaliado em 60 watts a 12 VCC, 120 Watt Total. Exemplo de painel solar: Dasol DS-A18-30. Dimensões de cada um: 27.2" x 26.2" x 1.38" (690,88 x 665,48 x 38.1 mm). Um (1) Montado Chassis End Post por dois painéis de 60 Watts cada, ou semelhante a um tubo de diâmetro 1.5" (38.1 mm) Horário N º 40

Bateria / Controlador de Carga / Inverter:

Um (1) SS-Sun Saver 15MPPT, Carga bactérias controlador de carga nominal de 12 VDC até 15 Amp. Um (1) MK Bateria 8G34 selada livre de manutenção e avaliado em 12 VDC @ 60 Amp-hora. Uma (1) caixa de bateria montada ao lado do poste (abaixo do painel solar PV). Um (1) 12 VDC Inversor para Excel Tecnologia modelo XP 125 Watt AC monofásico.

Nota: Sistema de CD. Este sistema de energia solar é projetado para operar de quatro horas diárias para o sistema de água UV Sterilizer produzir 960 GPD (3.634 LPD) de água potável. Sistemas de tratamento de água mais altos estão listados abaixo.

Exemplo D - 1.920 litros por dia (LPD 7268)

Esterilização de Água 4 GPM (15.14 LPM) - Fluxo de água entregues 240 litros por hora (LPH 908,5). O tempo de funcionamento da fonte de energia solar: 8 horas diárias. Entrega diária total Produção de Água Potável: 1920 litros por dia (LPD 7268)

Uso típico: Pavilhões, Marinas, RVs, Casas Fora da Rede, locais remotos, restaurantes, vinícolas, cervejarias, processamento de alimentos, laticínios, fábricas de queijo, Clínicas.

Lista de peças:

Esterilizador UV Sistema de água:

Um (1) Sistema de Água Esterilizador UV SYS-POU250 Wyckomar avaliado em 4 GPM. Inclui: Filtragem de água em duas fases (5 microns) com filtros de sedimentos e filtros de carbono, UV Holofote com luva de quartzo e UV Monitor Alarme, filtro de rede, de Alívio de Pressão Válvulas com reator eletrônico Alta Eficiência. Todos os pré-montado, Pré Testado e placa de montagem em aço inoxidável.

Solar fotovoltaico:

Dois (2) painéis fotovoltaicos Solar nominal de 135 Watt 12 VDC. Total de 270 Watt na matriz. Exemplo de painel solar: Dasol DS-A18-135. Dimensões de cada: 27,2" x 26,8" x 1,38" (690,88 x 680,72 x 35,05 milímetros). Um (1) Montado Chassis End Post por dois painéis de 135 Watts cada, ou semelhante a um tubo de 1.5" (38.1 mm) Horário n º 40, construído em um buraco com concreto.

Bateria / Controlador de Carga / Inverter:

Um (1) Sun Saver SS15MPPT, Carga bactérias controlador de carga nominal de 24 VDC até 15 Amp. Dois (2) Baterias MK 8G34 selada livre de manutenção e avaliado em 12 VDC @ 60 Amp-hora cada. Um (1) Caixa de bateria montada no estilo piso da bagageira. Ele pode estar localizado dentro de 50 pés (15,2 m) dos painéis fotovoltaicos. Um (1) 24 VDC Inversor para Excel modelo XP/24 Tech, 125 Watt AC monofásico.

Nota: Duas baterias de 12 VCC são conectados em série para um sistema de 24 VDC. Este sistema de energia solar é projetado para trabalhar oito horas por dia para o Sistema de Água Esterilizador UV produzindo 1.920 GPD (7.267,9 LPD) de água potável. Sistemas de tratamento de água mais altos estão listados abaixo.

Exemplo E - 5.760 litros por dia (LPD 21.804)

Esterilização de Água 4 GPM (15.14 LPM) - Fluxo de água entregues 240 litros por hora (LPH 908,5). Tempo de Operação Solar Fonte de alimentação: 24 horas por dia. Total diário de entrega de Água Potável de Produção: 5760 litros por dia (21.804 LPD).

Uso típico: Cabines, Marinas, RVs, Casas Fora da Rede, locais remotos, Residencial, Comercial Luz, Processamento de Alimentos, Cervejarias, Clínicas.

Lista de peças:

Esterilizador UV Sistema de água:

Um (1) Sistema de Água Esterilizador UV SYS-POU250 Wyckomar avaliado em 4 GPM (15.14 LPM). Inclui: Filtragem de água em duas fases (5 microns) com filtros de sedimentos e filtros de carbono, UV Holofote com luva de quartzo e UV Monitor Alarme, filtro de rede, de Alívio de Pressão Válvulas com reator eletrônico Alta Eficiência. Todos os pré-montado, Pré Testado e placa de montagem em aço inoxidável.

Solar fotovoltaico:

Quatro (4) Os painéis solares fotovoltaicos avaliado em 250 Watt a 24 VDC. 1.000 Total Watt correção. Exemplo de painel solar: Solar PV REC 250PE. Dimensões de cada: 65,5 "x 39" x 1.5" (1663,7 x 990,6 x 38,1 milímetros). Um (1) Montado Chassis End Post por quatro painéis de 250 Watts, ou semelhantes a um tubo de diâmetro de 3,5" (88,9 mm) Horário n º 40.

Bateria / Controlador de Carga / Inverter:

Um (1) SS15-Sun Saver MPPT Controlador de Carga carga bactérias avaliado em 12 VDC até 15 Amp. Dois (2) 8G30H MK bateria livre de manutenção selada e avaliado em 12 VDC @ 97 Amp-hora. Um (1) Caixa de bateria montada no estilo piso da bagageira. Ele pode ser colocado até 50 pés (15,24 m) de painéis fotovoltaicos. Um (1) 24 VDC Inversor para Excel modelo XP/24 Tech, 125 Watt AC monofásico.

Nota: Duas baterias de 12 VCC são ligados em série a um sistema e 24 VDC. Este sistema de energia solar é projetado para operar 24 horas por dia para a água UV Sterilizer Sistema de produção de 5.760

GPD (21.804 LPD) de água potável. Sistemas de tratamento de água mais altos estão listados abaixo.

Capítulo Cinco - Tratamento de Água UV 8 GPM (LPM 30.28) com fornecimento de Energia Solar 960-11,520 litros por dia (LPD 3,634-43.607,8)

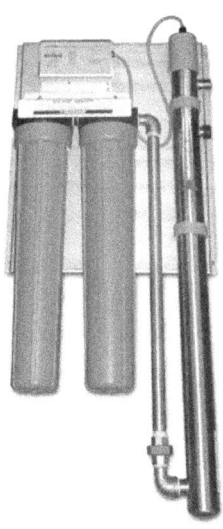

Neste capítulo, vamos olhar para os sistemas de tratamento de água para abastecimento de energia solar fotovoltaica tributados a uma taxa de 8 GPM (30.28 LPM). Ideal para sistemas residenciais, os sistemas UV para o tratamento da água utilizada nestes exemplos são do modelo de assinatura SYS-Wyckomar MD1003. Este sistema de tratamento de água é construído tudo on-line e inclui todo o equipamento necessário pré-montado e testado. Sistemas de tratamento de UV conter filtragem Dois Estágios Online (5 microns), Elo, Câmara de lâmpada UV, Quartz Manga, Acessórios e pressão válvulas de alívio, tudo instalado e pronto para ir.

As seguintes fontes de energia solar PV são projetados para operar a UV Tratamento de Água modelo MD1003 UV para o número de horas especificado para uma dada distribuição de água potável por dia e agradável sistema.

Solar Power Supply.

O consumo de energia deste sistema é de 95 Watt. A procura de "energia," portanto, é de 95 Watt-hora para cada hora de operação diária do esterilizador de água que você deseja. Para este modelo de esterilizador UV uso por hora vai exigir adicional de 95 Watt-Hour Energy do sistema de energia solar PV, ea exemplo do sistema será maior.

Exemplo F - 960 litros por dia (LPD 3634)

Esterilização de água a 8 GPM (30.28 LPM) - Fluxo de água entregues 240 litros por hora (LPH 908,5). Tempo de Operação Solar Fonte de alimentação: 2 horas por dia. Produção total diário de entrega de água: 960 litros por dia (3.634 LPD).

Uso típico: Cabines, Marinas, Bed Non-rede, locais remotos, residencial, comercial, processamento de alimentos, cervejarias.

Lista de peças:

Esterilizador UV Sistema de água:

Um (1) Sistema de Água Esterilizador UV SYS-MD1003 com preços a 8 GPM (30.28 LPM) Wyckomar. Inclui: Filtragem de água em duas fases (5 microns) com filtros de sedimentos e filtros de carbono, UV Holofote com luva de quartzo e UV Monitor Alarme, filtro de rede, de Alívio de Pressão Válvulas com reator eletrônico Alta Eficiência. Todos os pré-montado, Pré Testado e placa de montagem em aço inoxidável.

Solar fotovoltaico:

Um (1) painel solar fotovoltaica avaliado em 135 Watt 12 VDC. Exemplo painel solar: DASOL A-18-135. Dimensões de cada um: 27.2" x 26.2" x 1.38" (691 x 665,5 x 35,05 milímetros). Um (1) Montado Chassis End Post por quatro painéis de 135 Watt, ou semelhante a um tubo de diâmetro 1.5" (38.1 mm) Horário n° 40.

Bateria / Controlador de Carga / Inverter:

Um (1) SS15-Sun Saver MPPT Controlador de Carga carga bactérias avaliado em 12 VDC até 15 Amp. Um (1) 8G324DT MK bateria livre de manutenção

selada e avaliado em 12 VDC @ 73 Amp-hora. Um
(1) da caixa da bateria, montado na extremidade do
poste. Um (1) 12 VDC Inversor para Excel Tech
Model XP / 125 Watt AC monofásico.

Nota: Este sistema de energia solar é projetado para
rodar 2 horas por dia para o Sistema de Água
Esterilizador UV que produz 960 GPD (3.634 LPD) de
água potável. Ligue os painéis em paralelo para
aumentar a corrente. DC tensão do sistema: 12 VDC.

Exemplo G - 1.920 litros por dia (LPD 7268)

Esterilização de água a 8 GPM (30.28 LPM) - Fluxo de
água entregues 480 litros por hora (LPH 1817)
Horário de funcionamento de energia solar
Abastecimento 4 horas diárias. Total diário de
entrega de Água Potável de Produção: 1.920 litros
por dia (7.268 LPD).

Uso típico: Pavilhões, Marinas, Bed Non-rede, locais
remotos, residencial, comercial, Processamento de
Alimentos, Cervejarias, Clínicas.

Lista de peças:

Esterilizador UV Sistema de água:

Um (1) Sistema de Água Esterilizador UV SYS-MD
1003 Wyckomar preço a 8 GPM. Inclui: Filtragem de

água em duas fases (5 microns) com filtros de sedimentos e filtros de carbono, UV Holofote com luva de quartzo e UV Monitor Alarme, filtro de rede, de Alívio de Pressão Válvulas com reator eletrônico Alta Eficiência. Todos os pré-montado, Pré Testado e placa de montagem em aço inoxidável.

Solar fotovoltaico:

Dois (2) painéis fotovoltaicos Solar nominal de 135 Watt 12 VDC cada. 270 total Watt correção. Exemplo de painel solar: Dasol A-18 135 dimensões de cada: 27.2" x 26.2" x 1.38" (691 x 665,5 x 35,05 milímetros). Um (1) Montado Chassis End Post por dois painéis de 135 Watts cada, ou semelhante a um tubo de diâmetro 1.5" (38.1 mm) Horário n º 40.

Bateria / Controlador de Carga / Inverter:

Um (1) SS15-Sun Saver MPPT Controlador de Carga carga bactérias avaliado em 24 VDC até 15 Amp. Dois (2) MK Bateria 8G34 selada livre de manutenção e avaliado em 12 VDC @ 60 Amp-hora. Um (1) da caixa da bateria, montado na extremidade do poste (montado sob os painéis solares fotovoltaicos). Um (1) 24 VDC Inversor para Excel Tech Model XP / 125 Watt AC monofásico.

Nota: Sistema de CD com painéis fotovoltaicos conectados em paralelo. Este sistema de energia solar é projetado para trabalhar 4 horas por dia para o Sistema de Água Esterilizador UV produzindo 1.920 GPD (7.268 LPD) de água potável.

Exemplo H - 3.840 litros por dia (LPD 14.536)

Esterilização de água a 8 GPM (30.28 LPM) - Fluxo de água entregues 480 litros por hora (1817 LPH). O tempo de funcionamento da fonte de energia solar: 8 horas diárias. Total diário de entrega de Água Potável de Produção: 3.840 litros por dia (14.536 LPD).

Uso típico: Pavilhões, Marinas, Bed Non-rede, locais remotos, residencial, comercial, Processamento de Alimentos, Cervejarias, Clínicas.

Lista de peças:

Esterilizador UV Sistema de água:

Um (1) Sistema de Água Esterilizador UV SYS-MD1003 Wyckomar preço a 8 GPM. Inclui: Filtragem de água em duas fases (5 microns) com filtros de sedimentos e filtros de carbono, UV Holofote com luva de quartzo e UV Monitor Alarme, filtro de rede, de Alívio de Pressão Válvulas com reator eletrônico Alta Eficiência. Todos os pré-montado, Pré Testado e placa de montagem em aço inoxidável.

Solar fotovoltaico:

Dois (2) painéis fotovoltaicos Solar nominal de 250 Watt 24 VDC cada. 500 Total Watt correção. Exemplo de painel solar: Solar PV REC 250PE. Dimensões de cada: 65,5" x 39" x 1.5" (1663,7 x 990,6 x 38,1 milímetros). Um (1) Montado Chassis End Post por quatro painéis de 250 Watts, ou semelhantes a um tubo de diâmetro de 2,5" (63,5 mm) Horário n º 40, furo embutido no solo com concreto.

Bateria / Controlador de Carga / Inverter:

Um (1) carga bactérias Morning Star Mttp-TS-45 controlador de carga nominal de 24 VDC. Dois (2) Baterias MK 8G24DT selada livre de manutenção e avaliado em 12 VDC @ 73 Amp-hora. Um (1) Caixa de bateria montada no estilo piso da bagageira. Ele pode ser colocado até 50 pés (15,24 m) de painéis fotovoltaicos. Um (1) 24 VDC Inversor para Excel modelo XP/24 Tech, 125 Watt AC monofásico.

Nota: Duas baterias de 12 VCC são conectados em série para fornecer 24 VDC. Dois painéis fotovoltaicos conectados em paralelo. Este sistema de energia solar é projetado para trabalhar 8 horas por dia para o Sistema de Água Esterilizador UV produzindo 3.840 GPD (14.536 LPD) de água potável.

Exemplo I - 11.520 litros por dia (LPD 43.607,8)

Esterilização de água a 8 GPM (30.28 LPM) - Fluxo de água entregues 480 litros por hora (1817 LPH).

Tempo de Operação Solar Fonte de alimentação: 24 Horas contínuas diárias. Total diário de entrega de Água Potável de Produção: 11.520 litros por dia (LPD 43.607,8).

Uso típico: Camping, Marine, Farm Out of Red, locais remotos, residencial, comercial, Processamento de Alimentos, Cervejarias, Clínicas, Hospitais, Pequeno Villas, fazendas, ranchos.

Lista de peças:

Esterilizador UV Sistema de água:

Um (1) Sistema de Água Esterilizador UV SYS-MD1003 Wyckomar 4 GPM (15.14 LPM). Inclui: Filtragem de água em duas fases (5 microns) com filtros de sedimentos e filtros de carbono, UV Holofote com luva de quartzo e UV Monitor Alarme, filtro de rede, de Alívio de Pressão Válvulas com reator eletrônico Alta Eficiência. Todos os pré montados, testados e placa de montagem em aço inoxidável.

Solar fotovoltaico:

Seis (6) Painéis fotovoltaicos solares de 250 Watt c / UA 24 VDC. 1.000 Total Watt correção. Exemplo de painel solar: Solar PV REC 250PE. Dimensões de cada: 65,5 "x 39" x 1.5" (1663,7 x 990,6 x 38,1 milímetros). Um (1) Montado Chassis End Post por seis painéis de 250 Watts, ou semelhantes a um tubo de diâmetro de 3,5" (88,9 mm) Horário n º 40, furo embutido no solo com concreto.

Bateria / Controlador de Carga / Inverter:

Um (1) Morning Star TS-MPPT-60 bactérias controlador de carga a 24 VDC. Dois (2) Baterias MK 8G30H selada livre de manutenção e 12 VDC @ 97 Amp horas c / u. Um (1) Tipo de caixa de bateria piso montado peito. Ele pode ser colocado até 50 pés (15,24 m) de painéis fotovoltaicos. Um (1) Inversores de 24 VDC XP/24 Excel Tech, 125 Watt AC monofásico.

Nota: Duas baterias de 12 VCC são conectados em série para um sistema de 24 VDC. Os painéis solares fotovoltaicos são conectados em série, como duas linhas. Cada fileira de três painéis, ligadas em paralelo. Este sistema de energia solar é projetado para operar 24 horas por dia para a água UV Sterilizer Sistema de produção de 11.520 GPD (43.607,8 LPD) de água potável. Sistemas de tratamento de água mais altos estão listados abaixo.

Capítulo Seis - UV Sistemas de Tratamento de Água a 12 GPM (45.42 LPM) para 2,880-17,280 litros por dia (LPD 10,902-65411,7)

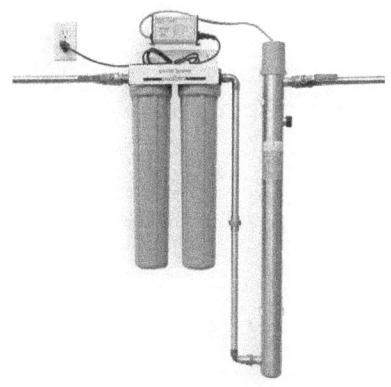

Este capítulo observou sistema de esterilização UV de água a maiores taxas de fluxo. O modelo SYS-MD1004 esterilizador UV funciona a 12 GPM (45.42 LPM) e é projetado para residências, edifícios com linhas de 1" (25,4 mm). O 1" (25,4 mm) aumenta a capacidade e pode ser operado por curtos períodos de tempo a cada dia, ou 24 horas por dia para uso continuado.

Sistemas de Energia Solar Painéis solares fotovoltaicos seguir enumerados, utilizados para construir um gerador fotovoltaico solar com a alimentação correta. Os sistemas incluem a montagem do equipamento sugerido como controlador de carga, banco de baterias e inversor para produzir AC necessário para executar seu sistema esterilizador UV.

A dose de UV do esterilizador UV produz 54 mJ/cm2 (μ sec/cm2 54,000) @ 95% UVT 38 mJ/cm2 (μ sec/cm2 38,000) @ 70% UVT. Esta alta dose de irradiação UV esterilizado estabelecimentos comerciais para processamento de alimentos, fábricas de queijo, hospitais, pequenas cidades, e em geral, qualquer capacidade instalada para 17.280 GPD (65.411,7 LPD) em operação contínua.

Exemplo J - 2.880 litros por dia (LPD 10.902)

A esterilização de água para 12 GPM (45,42 LPM). O fluxo de água entregues 720 litros por hora (LPH 2725,5). Tempo de operação de energia solar Abastecimento 4 horas diárias. Total diário de entrega de Água Potável de Produção: 2.880 litros por dia (10.902 LPD).

Uso típico: Cabines, Marinas, RVs, Casas Fora da Rede, locais remotos, Residencial, Comercial Luz, Processamento de Alimentos, Cervejarias, Clínicas.

Lista de peças:

Esterilizador UV Sistema de água:

Um (1) Sistema de Água Esterilizador UV SYS preço MD1004 12 GPM (45.42 LPM) Wyckomar. Inclui: Filtragem de água em duas fases (5 microns) com filtros de sedimentos e filtros de carbono, UV Holofote com luva de quartzo e UV Monitor Alarme, filtro de rede, de Alívio de Pressão Válvulas com reator eletrônico Alta Eficiência. Todos os pré-montado, Pré Testado e placa de montagem em aço inoxidável.

Solar fotovoltaico:

Um (1) painel solar fotovoltaica avaliado em 250 Watt a 24 VDC. Exemplo de painel solar: Solar PV REC 250PE. Dimensões de cada: 65,5" x 39" x 1.5" (1663,7 x 990,6 x 38,1 milímetros). Um (1) Montado Chassis End Post por quatro painéis de 250 Watts, ou semelhantes a um tubo de 2,5 "(63,5 mm) Horário n ^{o} 40, enterrado no chão de concreto.

Bateria / Controlador de Carga / Inverter:

Um (1) SS15-Sun Saver MPPT Controlador de Carga carga bactérias avaliado em 24 VDC até 15 Amp. Dois (2) Baterias MK 8G24DT selada livre de manutenção e avaliado em 12 VDC @ 73 Amp-hora. Um (1) Caixa de bateria montada no estilo piso da bagageira. Ele pode ser colocado até 50 pés (15,24

m) de painéis fotovoltaicos. Um (1) 24 VDC Inversor para Excel modelo XP/24 Tech, 125 Watt AC monofásico.

Nota: Duas baterias de 12 VCC são conectados em série para um sistema de 24 VDC. Este sistema de energia solar é projetado para operar de quatro horas diárias para o sistema de água UV Sterilizer produzindo 2.880 GPD (10.902 LPD) de água potável. Sistemas de tratamento de água mais altos estão listados abaixo.

Exemplo K - 5.760 litros por dia (LPD 21.804)

Esterilização de água a 12 GPM (45.42 LPM) - Fluxo de água entregues 720 litros por hora (LPH 2725,5). O tempo de funcionamento da fonte de energia solar: 8 horas diárias. Total diário de entrega de Água Potável de Produção: 5760 litros por dia (21.804 LPD).

Uso típico: Pavilhões, Marinas, Bed Non-rede, locais remotos, residencial, comercial, Processamento de Alimentos, Cervejarias, Clínicas, Farms.

Solar fotovoltaico:

Lista de peças:

Esterilizador UV Sistema de água:

Um (1) Sistema de Água Esterilizador UV SYS-MD1004 Wyckomar preço 12 GPM. Inclui: Filtragem de água em duas fases (5 microns) com filtros de sedimentos e filtros de carbono, UV Holofote com luva de quartzo e UV Monitor Alarme, filtro de rede, de Alívio de Pressão Válvulas com reator eletrônico Alta Eficiência. Todos os pré-montado, Pré Testado e placa de montagem em aço inoxidável.

Solar fotovoltaico:

Dois (2) painéis fotovoltaicos solares nominal de 250 Watt a 24 VDC. 500 Total Watt correção. Exemplo de painel solar: Solar PV REC 250PE. Dimensões de cada: 65,5" x 39" x 1.5" (1663,7 x 990,6 x 38,1 milímetros). Um (1) Montado Chassis End Post por quatro painéis de 250 Watts, ou semelhantes a um tubo de diâmetro de 3,5" (88,9 mm) Horário n º 40.

Bateria / Controlador de Carga / Inverter:

Um (1) Morning Star TX-MPPT-45 bactérias controlador de carga de carga nominal de 24 VDC. Dois (2) 8G24DT MK bateria livre de manutenção selada e avaliado em 12 VDC @ 73 Amp-hora cada. Um (1) Caixa de bateria montada no estilo piso da bagageira. Ele pode ser colocado até 50 pés (15,24 m) de painéis fotovoltaicos. Um (1) 24 VDC Inversor para Excel modelo XP/24 Tech, 125 Watt AC monofásico.

Nota: Duas baterias de 12 VCC são conectados em série para um sistema de 24 VDC. Os painéis solares fotovoltaicos são conectados em paralelo. Este sistema de energia solar é projetado para funcionar oito horas por dia para o Sistema de Água Esterilizador UV produzindo 5.760 GPD (21.804 LPD) de água potável.

Exemplo L - 8.640 litros por dia (LPD 32.706)

A esterilização de água para 12 GPM (45,42 LPM). O fluxo de água entregues 720 litros por hora (LPH 2725,5). Tempo de Operação de Energia Solar de alimentação de 12 horas por dia. Total diário de entrega de Água Potável de Produção: 8640 litros por dia (32.706 LPD).

Uso típico: Pavilhões, Marinas, Bed Non-rede, locais remotos, residencial, comercial, Processamento de Alimentos, Cervejarias, Clínicas.

Lista de peças:

Esterilizador UV Sistema de água:

Um (1) Sistema de Água Esterilizador UV SYS preço MD1004 12 GPM (45.42 LPM) Wyckomar. Inclui: Filtragem de água em duas fases (5 microns) com filtros de sedimentos e filtros de carbono, UV Holofote com luva de quartzo e UV Monitor Alarme, filtro de rede, de Alívio de Pressão Válvulas com reator eletrônico Alta Eficiência. Todos os pré-montado, Pré Testado e placa de montagem em aço inoxidável.

Solar fotovoltaico:

Quatro (4) Os painéis solares fotovoltaicos avaliado em 250 Watt a 24 VDC. 1.000 Total Watt correção. Exemplo de painel solar: Solar PV REC 250PE. Dimensões de cada: 65,5" x 39" x 1.5" (1663,7 x 990,6 x 38,1 milímetros). Um (1) Montado Chassis End Post por quatro painéis de 250 watts c / u, ou semelhante a um tubo de 3,5" (88,9 mm) Horário n o 40.

Bateria / Controlador de Carga / Inverter:

Um (1) Morning Star TS-MPPT-45 bactérias controlador de carga de carga nominal de 24 VDC. Dois (2) Baterias MK 8G27 selada livre de manutenção e preço para 12 VDC @ 86 Amp-hora cada. Um (1) Caixa de bateria montada no estilo piso da bagageira. Ele pode ser colocado até 50 pés (15,24 m) de painéis fotovoltaicos. Um (1) 24 VDC Inversor para Excel modelo XP/24 Tech, 125 Watt AC monofásico.

Nota: Duas baterias de 12 VCC são conectados em série para um sistema de 24 VDC. Este sistema de energia solar é projetado para funcionar 12 horas por dia para o Sistema de Água Esterilizador UV produzindo 8.640 GPD (32.706 LPD) de água potável.

Exemplo M - 17.280 litros por dia (LPD 65.411,7)

Esterilização de água a 12 GPM (45.42 LPM) - Fluxo de água entregues 720 litros por hora (LPH 2725,5). Tempo de Operação Solar Fonte de alimentação: 24 horas por dia. Total diário de entrega de Água Potável de Produção: 17.280 litros por dia (LPD 65.411,7).

Uso típico: Cabines, Marinas, Bed Non-rede, sites remotos, residencial, comercial, Processamento de Alimentos, Cervejarias, Clínicas, Hospitais.

Lista de peças:

Esterilizador UV Sistema de água:

Um (1) Sistema de Água Esterilizador UV SYS preço MD1004 12 GPM (45.42 LPM) Wyckomar. Inclui: Filtragem de água em duas fases (5 microns) com filtros de sedimentos e filtros de carbono, UV Holofote com luva de quartzo e UV Monitor Alarme, filtro de rede, de Alívio de Pressão Válvulas com reator eletrônico Alta Eficiência. Todos os pré-montado, Pré Testado e placa de montagem em aço inoxidável.

Solar fotovoltaico:

Oito (8) painéis fotovoltaicos Solar nominal de 250 Watt 24 VDC c / u. 2.000 Total Watt correção. Exemplo de painel solar: Solar PV REC 250PE. Dimensões de cada: 65,5" x 39" x 1.5" (1663,7 x 990,6 x 38,1 milímetros). Um (1) Montado Chassis End Post por oito painéis de 250 Watts cada, ou semelhante a um diâmetro da tubulação de 6" (152,4 milímetros) Horário n º 40, enterrado no chão de concreto.

Bateria / Controlador de Carga / Inverter:

Um (1) Morning Star TS-MPPT-60 bactérias controlador de carga de carga nominal de 24 VDC. Quatro (4) Baterias MK 8G27 selada livre de manutenção e preço para 12 VDC @ 86 Amp-hora cada. Um (1) Caixa de bateria montada no estilo piso da bagageira. Ele pode ser colocado até 50 pés (15,24 m) de painéis fotovoltaicos. Um (1) 24 VDC Inversor para Excel modelo XP/24 Tech, 125 Watt AC monofásico.

Nota: Quatro baterias 12 VDC estão ligados em paralelo dois, e estas linhas ligadas em série por um sistema de 24 VDC. Este sistema de energia solar é projetado para operar 24 horas por dia para a água UV Sterilizer Sistema de produção de 17.280 GPD (65.411,7 LPD) de água potável.

Capítulo Sete - Sistemas de Água esterilização UV a 30 GPM (113,6 LPM) 7,200-43,200 litros por dia (LPD 27,255-163529,3).

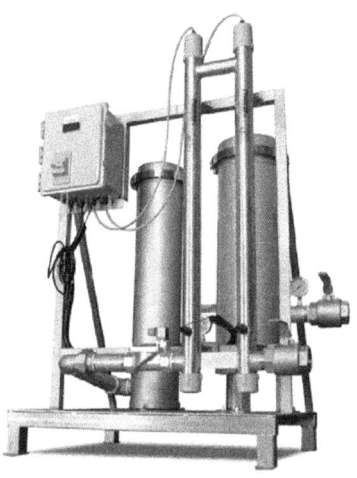

Older UV sistemas de tratamento de água tem um grande apetite para a fonte de água e energia. O modelo SYS-MD-1006 é avaliado em 30 GPM (113,6 LPM). Tubos de entrada dimensionados para 1.5" (38.1 mm) desta unidade de negócio pode processar até 43.200 litros por dia (LPD 163,529.3). Este modelo MD-1006 é um sistema de tratamento de água UV de escala comercial. O diâmetro do tubo de entrada é de 1.5" (38.1 mm).

Exemplo N - 7.200 galões por D ed (27.255 LPD)

Esterilização de água a 30 GPM (113,6 LPM). O fluxo de água entregues 1.800 litros por hora (LPH 6813,7).

Tempo de operação de energia solar Abastecimento 4 horas diárias. Total diário de entrega de Água Potável de Produção: 7.200 litros por dia (27.255 LPD).

Uso típico: Cabines, Marinas, RVs, Casas Fora da Rede, locais remotos, residencial, comercial, Processamento de Alimentos, Cervejarias, Clínicas, Hospitais, Pequenas Villas.

Lista de peças:

Esterilizador UV Sistema de água:

Um (1) Sistema de Água Esterilizador UV SYS-MD1006 avaliado em 30 GPM (113,6 LPM) Wyckomar. Inclui: Filtragem de água em duas fases (5 microns) com filtros de sedimentos e filtros de carbono, UV Holofote com luva de quartzo e UV Monitor Alarme, filtro de rede, de Alívio de Pressão Válvulas com reator eletrônico Alta Eficiência.

Todos os pré-montado, Pré Testado e placa de montagem em aço inoxidável.

Solar fotovoltaico:

Dois (2) painéis fotovoltaicos solares nominal de 250 Watt a 24 VDC. 500 Total Watt correção. Exemplo de painel solar: Solar PV REC 250PE. Dimensões de cada: 65,5" x 39" x 1.5" (1663,7 x 990,6 x 38,1 milímetros). Um (1) Montado Chassis End Post por quatro painéis de 250 Watt c / u, ou semelhantes a um tubo de diâmetro de 2,5" (63,5 mm) Horário n $^{\circ}$ 40, construído em terreno com concreto.

Bateria / Controlador de Carga / Inverter:

Um (1) Morning Star TS-MPPT-45 bactérias controlador de carga de carga nominal de 24 VDC. Dois (2) Baterias MK 8G34 selada livre de manutenção e preço de 12 VDC a 60 Amp horas c / u.

Um (1) Caixa de bateria montada no estilo piso da bagageira. Ele pode ser colocado até 50 pés (15,24 m) de painéis fotovoltaicos. Um (1) 24 VDC Inversor para Excel modelo XP/24 Tech, 125 Watt AC monofásico.

Nota: Duas baterias de 12 VCC são conectados em série para um sistema de 24 VDC.

Este sistema de energia solar é projetado para operar de quatro horas diárias para o sistema de água UV Sterilizer produzindo 7.200 GPD (27.255 LPD) de água potável.

Exemplo O - 14.400 galões por D ed (54510 LPD)

Esterilização de água a 30 GPM (113,6 LPM) - Fluxo de água entregues 1.800 litros por hora (LPH 6813,7).

O tempo de funcionamento da fonte de energia solar: 8 horas diárias. Total diário de entrega de Água Potável de Produção: 3.600 litros por dia (LPD 13.627,4).

Uso típico: Cabines, Marinas, Bed Non-rede, locais remotos, residencial, comercial, Processamento de Alimentos, Cervejarias, clínicas, hospitais, bares, restaurantes.

Lista de peças:

Esterilizador UV Sistema de água:

Um (1) Sistema de Água Esterilizador UV SYS-MD1006 avaliado em 30 GPM (113,6 LPM) Wyckomar. Inclui: Filtragem de água em duas fases (5 microns) com filtros de sedimentos e filtros de carbono, UV Holofote com luva de quartzo e UV Monitor Alarme, filtro de rede, de Alívio de Pressão Válvulas com reator eletrônico Alta Eficiência. Todos os pré-montado, Pré Testado e placa de montagem em aço inoxidável.

Solar fotovoltaico:

Quatro (4) Os painéis solares fotovoltaicos avaliado em 250 Watt 24 VDC cada. 1.000 Total Watt correção. Exemplo de painel solar: Solar PV REC 250PE. Dimensões de cada: 65,5" x 39" x 1.5" (1663,7 x 990,6 x 38,1 milímetros). Um (1) Montado Chassis End Post por quatro painéis de 250 Watts cada, ou semelhante a um tubo de diâmetro de 3,5" (88,9 mm) Horário # 40, construído em terreno com concreto.

Bateria / Controlador de Carga / Inverter:

Um (1) Morning Star TS-MPPT-60 bactérias controlador de carga de carga nominal de 24 VDC. Dois (2) Baterias MK 8G30H selada livre de manutenção e avaliado em 12 VDC @ 97 Amp-hora. Um (1) Caixa de bateria montada no estilo piso da bagageira. Ele pode ser colocado até 50 pés (15,24 m) de painéis fotovoltaicos. Um (1) 24 VDC Inversor para Excel modelo XP/24 Tech, 125 Watt AC monofásico.

Nota: Duas baterias de 12 VCC são conectados em série para um sistema de 24 VDC. Este sistema de energia solar é projetado para funcionar oito horas por dia para o Sistema de Água Esterilizador UV produzindo 17.280 GPD (65.411,7 LPD) de água potável.

Exemplo P - 21.600 galões por D ed (81.764,6 LPD)

Esterilização de água a 30 GPM (113,6 LPM) - Fluxo de água entregues 1.800 litros por hora (LPH 6813,7).

Tempo de Operação de Energia Solar de alimentação de 12 horas por dia. Total diário de entrega de Água Potável de Produção: 21.600 litros por dia (LPD 81.764,6).

Uso típico: Pavilhões, Marinas, Bed Non-rede, locais remotos, residencial, comercial, Processamento de Alimentos, Cervejarias, Clínicas, Hospitais, Pequenas Villas.

Lista de peças:

Esterilizador UV Sistema de água:

Um (1) Sistema de Água Esterilizador UV SYS-MD1006 Wyckomar avaliado em 30 GPM. Inclui: Filtragem de água em duas fases (5 microns) com filtros de sedimentos e filtros de carbono, UV Holofote com luva de quartzo e UV Monitor Alarme, filtro de rede, de Alívio de Pressão Válvulas com reator eletrônico Alta Eficiência.

Todos os pré-montado, Pré Testado e placa de montagem em aço inoxidável.

Solar fotovoltaico:

Seis (6) painéis fotovoltaicos Solar nominal de 250 Watt 24 VDC cada. 1.500 total Watt correção. Exemplo de painel solar: Solar PV REC 250PE. Dimensões de cada: 65,5 "x 39" x 1.5" (1663,7 x 990,6 x 38,1 milímetros). Um (1) Montado Chassis End Post por seis painéis de 250 Watts cada, ou semelhante a um diâmetro da tubulação de 6" (152,4 milímetros) Horário n º 40, construído em terreno com concreto.

Bateria / Controlador de Carga / Inverter:

Um (1) Morning Star-TS-MPPT-45 bactérias controlador de carga de carga nominal de 24 VDC. Dois (2) Baterias MK 8G30H selada livre de manutenção e preço para 12 VDC @ 97 Amp-hora cada. Um (1) Caixa de bateria montada no estilo piso da bagageira. Ele pode ser colocado até 50 pés (15,24 m) de painéis fotovoltaicos. Um (1) 24 VDC Inversor para Excel modelo XP/24 Tech, 125 Watt AC monofásico.

Nota: Duas baterias de 12 VCC são ligados em série a um sistema e 24 VDC.

Este sistema de energia solar é projetado para funcionar 12 horas por dia para o Sistema de Água Esterilizador UV produzindo 21.600 GPD (81.764,6 LPD) de água potável.

Exemplo Q - 43.200 galões por D ed (163,529.3 LPD)

Esterilização de água a 30 GPM (113,6 LPM) - Fluxo de água entregues 1.800 litros por hora (LPH 6813,7). Tempo de Operação Solar Fonte de alimentação: 24 horas por dia - em curso. Total diário de entrega de Água Potável de Produção: 43.200 litros por dia (LPD 163,529.3).

Uso típico: Pavilhões, Marinas, Bed Non-rede, locais remotos, residencial, comercial, Processamento de Alimentos, Cervejarias, Clínicas, Pequenas Villas.

Lista de peças:

Esterilizador UV Sistema de água:

Um (1) Sistema de Água Esterilizador UV SYS-MD1006Wyckomar avaliado em 30 GPM (113,6 LPM). Inclui: Filtragem de água em duas fases (5 microns) com filtros de sedimentos e filtros de carbono, UV Holofote com luva de quartzo e UV Monitor Alarme, filtro de rede, de Alívio de Pressão Válvulas com reator eletrônico Alta Eficiência. Todos os pré-montado, Pré Testado e placa de montagem em aço inoxidável.

Solar fotovoltaico:

Oito (8) Painéis solares fotovoltaicos avaliado em 250 Watt 24 VDC cada. 2.000 Total Watt correção.

Exemplo de painel solar: Solar PV REC 250PE.
Dimensões de cada: 65,5" x 39" x 1.5" (1663,7 x 990,6
x 38,1 milímetros). Um (1) Montado Chassis End
Post por oito painéis de 250 Watts cada, ou
semelhante a um diâmetro da tubulação de
6" (152,4 milímetros) Horário n º 40, construído em
terreno com concreto.

Bateria / Controlador de Carga / Inverter:

Um (1) Morning Star TS-MPPT-60 bactérias
controlador de carga de carga nominal de 24 VDC.
Quatro (4) Baterias MK 8G30H selada livre de
manutenção e preço para 12 VDC @ 97 Amp-hora
cada. Um (1) Caixa de bateria montada no estilo
piso da bagageira. Ele pode ser colocado até 50 pés
(15,24 m) de painéis fotovoltaicos. Um (1) 24 VDC
Inversor para Excel modelo XP/24 Tech, 125 Watt AC
monofásico.

Nota: Quatro baterias de 12 VCC são conectados em
paralelo para 2 linhas e as linhas em série para um
sistema de 24 VDC. Este sistema de energia solar é
projetado para operar 24 horas por dia para a água
UV Sterilizer Sistema de produção de 43.200 GPD
(163,529.3 LPD) de água potável.

Capítulo Oito: Guia de Início Rápido Exemplos de UV Sistemas de Tratamento de Água de fluxo e de acordo litros por dia

Nos capítulos anteriores estão listados Diferentes sistemas de tratamento de água UV solar fotovoltaica com base em fontes de abastecimento de água, seja um bem ou de superfície Fonte. Exemplos são definidos pelo fluxo ea entrega diária de água em litros por dia Verifique sistemas listados abaixo e, em seguida, combinar suas especificações de projeto e requisitos do sistema com listas para escolher a mais próxima de suas necessidades de água.

Exemplos de UV Sistemas de Tratamento de Água
Energia Solar PV está organizado da seguinte
listagem por fluxo em galões por minuto (GPM) e de
acordo com a entrega total diária em litros por dia
(GPD).

Sistema A: 4 GPM (15.14 LPM), entrega 240 GPD
(908,5 LPD)

Sistema B: 4 GPM (15.14 LPM), entrega 480 GPD
(1.817 LPD)

Sistema C: 4 GPM (15.14 LPM), entrega 960 GPD
(3634 LPD)

Sistema D: 4 GPM (LPM 15,14) Entrega 1.920 GPD
(7.268 LPD)

Sistema E: 4 GPM (15.14 LPM), entrega 5.760 GPD
(21.804 LPD)

Sistema F 8 GPM (30.28 LPM), entrega 960 GPD
(3.634 LPD)

Sistema G 8 GPM (30.28 LPM), entrega 1.920 GPD
(7.268 LPD)

H System 8 GPM (30.28 LPM), entrega 3.840 GPD
(14.536 LPD)

Sistema I: 8 GPM (30.28 LPM), entrega 11.520 GPD
(43.607,8 LPD)

Sistema J 8 GPM (30.28 LPM), entrega 2.880 GPD (10.902 LPD)

K System 8 GPM (30.28 LPM), entrega 5.760 GPD (21.804 LPD)

Sistema L: 12 GPM (45.42 LPM), entrega 8.640 GPD (32.706 LPD)

Sistema M: 12 GPM (45.42 LPM), entrega 17.280 GPD (65.411,7 LPD)

Sistema N: 30 GPM (113,6 LPM) Entrega de 7.200 GPD (27.255 LPD)

O Sistema: 30 GPM (113,6 LPM), entrega 14.400 GPD (LPD 54,510)

Sistema P: 30 GPDM (113,6 LPM), entrega 21.600 GPD (81.764,6 LPD)

Sistema Q: 30 GPM (113,6 LPM), entrega 43.200 GPD (163,529,3 LPD)

Certifique-se de planejar o seu projeto de sistema de tratamento de água UV solar fotovoltaica em termos de preparação do local, instalação de equipamentos UV Água, Tratamento de Alimentação Solar PV Poder e toda a tomada de cabo, acessórios e soterramientos.

Sempre **PREACAUCIÓN** Ao instalar dispositivos elétricos. Os painéis solares fotovoltaicos produzem tensões respeitáveis e amperagens, por assim seguir todos os procedimentos de segurança. Não deixe de ler o manual de instalação com cuidado, e sig com as instruções ao pé da letra.

Se devidamente montados e instalados, sistemas UV tratar a água com a oferta de energia solar fotovoltaica longa vida, alta produtividade, facilidade de instalação e operação, e são altamente confiáveis. Para mais informações sobre o tratamento UV água, painéis solares fotovoltaicos, baterias, inversores, controladores de carga, e outros equipamentos semelhantes, visite **Solardyne.com** na World Wide Web.

Muito obrigado pela leitura! Aproveite o seu projeto de tratamento de água UV!

www.ingramcontent.com/pod-product-compliance
Lightning Source LLC
Chambersburg PA
CBHW051343170526
45166CB00002B/936